国家电网有限公司
STATE GRID
CORPORATION OF CHINA

U0818065

国家电网有限公司全面强化安全责任落实 38项措施

国家电网有限公司　发布

中国电力出版社
CHINA ELECTRIC POWER PRESS

图书在版编目（CIP）数据

国家电网有限公司全面强化安全责任落实38项措施/国家电网有限公司发布.—北京：中国电力出版社，2022.5（2022.6重印）
ISBN 978-7-5198-6760-7

Ⅰ. ①国… Ⅱ. ①国… Ⅲ. ①电力工业–工业企业管理–安全管理–安全措施–中国 Ⅳ. ①TM08

中国版本图书馆 CIP 数据核字（2022）第 079870 号

出版发行：中国电力出版社
地　　址：北京市东城区北京站西街 19 号（邮政编码 100005）
网　　址：http://www.cepp.sgcc.com.cn
责任编辑：薛　红
责任校对：黄　蓓　李　楠　马　宁
装帧设计：张俊霞
责任印制：石　雷

印　　刷：北京雁林吉兆印刷有限公司
版　　次：2022 年 5 月第一版
印　　次：2022 年 6 月北京第二次印刷
开　　本：880 毫米×1230 毫米　32 开本
印　　张：0.75
字　　数：17 千字
印　　数：5001—7000 册
定　　价：15.00 元

国家电网有限公司关于印发全面强化安全责任落实38项措施的通知

国家电网办〔2022〕246号

总部各部门，各机构，公司各单位：

为深入学习贯彻习近平总书记重要指示精神，不折不扣执行国务院安委会“十五条”重要举措，公司结合实际，研究制定38项具体措施，各单位要认真贯彻，全面强化各项安全责任措施落实，全力确保安全生产稳定。

国家电网有限公司（印）

2022年4月13日

目　录

目 录

国家电网有限公司全面强化安全责任落实38项措施

一、严格落实各级党委安全生产责任

1. 坚持“人民至上、生命至上”，各级单位要严格落实安全生产主体责任，坚决守牢电网安全“生命线”和民生用电“底线”。各级党委理论学习中心组要系统学习习近平总书记关于安全生产的重要论述，树牢安全发展理念，真正做到“两个至上”入脑入心，把学习成果转化为确保安全稳定的实际行动。

2. 各级党委要严格落实“党政同责、一岗双责、齐抓共管、失职追责”要求，组织实施“党建+安全”工程，及时贯彻落实安全生产要求部署，强化组织领导，坚决把各项措施落实到岗位、穿透到基层、执行到一线。

二、企业主要负责人必须严格履行第一责任人责任

3. 各单位主要负责同志是安全生产第一责任人，在安全生产上要做到亲力亲为、靠前指挥，推动安全生产责任制、安全管理体系、双重预防机制和标准化建设，

对本单位电网、建设、产业等各领域重大风险隐患必须心中有数，组织研究年度电网运行方式重大风险，保障安全生产投入。

4. 主要负责同志要带头落实国家安全生产法律法规和公司规章制度，强化安委会实体化运行，亲自主持会议，主动协调跨专业、跨领域安全生产工作，及时研究解决重大问题。

三、严格落实各级领导安全管理责任

5. 各级领导班子成员必须严格落实“三管三必须”，切实履行分管领域安全第一责任人职责，掌握风险隐患和薄弱环节，将安全与业务工作同计划、同布置、同检查、同评价、同考核，定期组织安全分析，研究解决存在问题。

6. 各级领导干部严格执行安全生产责任和年度工作“两个清单”，任务要层层分解、层层承接、层层落实，定期开展落实情况督办和检查评价，年终进行安全述职。

四、严格落实专业安全管理责任和全员安全责任

7. 各级专业管理部门要严格依法履行业务范围内安全管理责任，常态化开展安全风险管控、隐患排查治理、反违章等工作，消除安全薄弱环节，完善规程

标准。各级安监部门要“理直气壮”严格安全监督检查，严肃考核评价本级部门和下级单位安全工作，督导落实安全责任。

8. 全体员工要严格落实安全生产责任制规定，对照安全责任清单，定期检查安全履责情况。各级单位要在教育培训、风险隐患、督察巡查、反违章、责任追究中，强化责任清单应用。

9. 严格落实“谁主管谁牵头、谁为主谁牵头、谁靠近谁牵头”原则，对于职能交叉、新兴产业、合资公司和新业务新业态等，相关部门要主动靠前，各级安委办要加强分析协调，杜绝责任盲区。

10. 严格开展安全生产领域“放管服”事项梳理和评估，对基层接不住、管理跟不上、难以保证安全的，要采取措施予以纠正，必要时收回。

11. 严格执行国家安全生产费用要求，保障安全投入到位。大力推广新装备、新工法、新技术，积极布局安全风险管控、设备智能运检等科技项目攻关，畅通安全生产应急科技项目立项“绿色通道”。

五、严肃追究领导责任和管理责任

12. 严格执行公司安全奖惩规定，对事故和责任事件实行“一票否决”，对不履行职责造成五级及以上事件，追究直接责任和相关地市级单位领导干部、省公司管理部门管理责任；对较大及以上事故要追究省公司主要领导、分管领导管理责任。

13. 严格各级管理人员安全履责评价考核，严肃安全管理评价和月度点评，规范专业部门、各单位安全管理。实行业绩考核安全指标动态评价，严肃考核安全不履责、专项整治不到位等 9 项安全管理违规情形。

14. 严格执行安全警示约谈，运用提醒、问询、纠错、问责“四种形态”，严肃纠正问题隐患整改不彻底、风险管控不到位、发生严重违章等安全管理违规行为，以及安全生产苗头性问题、安全局面不稳等情况。

六、深入扎实开展安全生产大检查

15. 严格执行隐患排查治理管理办法，扎实开展安全隐患大排查大整治，排查结果纳入安全生产专项整治一并管控，杜绝隐患演变为事故。各级安委会要在每年二季度将隐患排查作为主要任务进行布置，安委办加强过程监督和督察检查，确保 6 月底前完成年度排查，纳入闭环整改。

16. 抓紧抓实安全生产专项整治，切实贯彻两个专题要求，牢牢盯住九个专项，进一步强化网络、消防、施工、通航、交通、燃气、危化品等重点领域，滚动更新“两个清单”，强化问题整改、隐患销号。对重大风险、隐患严格挂牌督办，未彻底治理前必须落实可靠的风险管控措施。

17. 严格执行安全风险管理办法，按照“谁管理谁负责，谁组织谁负责”原则落实管控责任，重大风险要由副总师以上领导牵头审核，专业部门要对措施落实情况进行检查指导，安监部门要加强督察检查。涉及多单位、多专业的综合性作业风险，要成立由上级单位领导任组长，相关部门、单位参加的风险管控协调组，常驻现场协调督导。

18. 各级安委会要及时研究解决排查整治中的难题和困难，各级安委办要加强督察检查，对工作不力的严肃通报问责，并纳入业绩考核。对于因责任不落实、措施不到位、排查整治流于形式导致事故事件的，要顶格处理，追究管理责任和领导责任。

七、牢牢守住项目审批安全红线

19. 各级规划设计、建设部门要管住源头，严格执行各项反措要求，及时完善相关标准，加大差异化设计，严防前端环节产生和遗留安全隐患。

20. 严把项目审批安全关，严禁“边审批、边设计、边施工”，严禁降低安全门槛，必须将安全风险评估作为拓展新业务、投资新项目的前置条件，严控存在重大风险的建设项目审批。新建储能电站坚决做到“安全风险不可控不投资、审批手续未办理不建设、验收手续不齐全不投运”，在建在运电站存在十类重大隐患的坚决停建停运，经省级公司验收合格方可恢复。

八、严厉查处违法分包转包和挂靠资质行为

21. 严格工程项目承发包合规管理，严禁技改工程、电网建设、抽蓄工程、融资租赁、小型基建等各领域违法分包转包、资质借用挂靠等行为。严格公司施工、产业、科研等单位业务承包管理，不具备条件、承载能力不足、专业能力不够的，严禁承接相关业务。

22. 严厉打击违法分包转包行为，各级建设、设备、营销、产业、后勤等专业部门要落实把关责任，有关行为列入严重违章，一经发现严肃追究发包方、承包方安全责任。坚持“谁的资质谁负责，挂谁的牌子谁负责”，对发生安全事故的，严肃追究资质方责任，纳入负面清单和黑名单。

23. 严格“同质化”安全管理要求，省管产业安全机构设置、人员配置标准要与主业一致，承揽工程项目安全指标和管理要求要与主业一致。严格输变电工程建设风险辨识评估，从设计方案等前端环节压降施工安全风险。

九、切实加强劳务派遣等各类人员安全管理

24. 严格队伍人员“双准入”管理，强化外包队伍安全评估，严格企业资信、能力审查和准入考试，用人单位、专业部门要严格履行安全培训、风险告知、现场监护等责任，严禁劳务分包人员担任工作负责人等关键岗位、自带

安全工器具、独立从事高风险作业。

25. 严格生产核心业务管理，严禁二次核心业务外包外委，逐步提高自主实施能力。严格执行基建施工成建制骨干班组自有人员、核心分包人员、一般分包人员配置要求，严控危险岗位、高风险作业劳务派遣工数量。

十、重拳出击整治“违规违章”

26. 严格执行国家执法要求，对政府明令禁止和关停的违法矿山、违法建筑、非法运营企业等，坚决落实停电、断电要求。加强政企、警企联合，严厉打击窃电、破坏电力设施等违法行为。

27. 强化各级安全巡查和督察，开展安全管理合规性检查，追根溯源追查领导层、管理层安全履责缺失缺位问题。严肃巡查“回头看”，对整改不到位、责任不落实、同类问题重发等严肃约谈问责，对拒不整改、走形式甚至弄虚作假的严肃追责考核。

28. 坚持“违章就是隐患、违章就是事故”，一般违章严肃通报曝光，严重违章对照事件顶格处理，重复严重违章纳入业绩考核，多次重复严重违章加倍业绩考核。严格违章根源追溯，对责任不落实、管理不到位的管理人员严肃追责，屡禁不改的从重处罚。

十一、坚决整治监督管理宽松软问题

29. 严格安全监督工作月度评价考核，各级安监部门人员、安管督查队伍严格履行监督职责，加大安全巡查、“四不两直”督察、交叉互查和违章查处力度，对违章、事故事件严格考核、严肃追责，形成严抓严管氛围。

30. 规范“四不两直”、远程视频督察，强化风险管控平台、移动作业App等数字化监督管控手段应用，实行违章查处、记录、审核、申诉线上透明管理。加强违章查纠记录仪配置使用，强化违章查纠全过程记录。

十二、着力加强安全监督管理队伍建设

31. 依法依规配置安全管理机构和人员，规范省地县三级安管督查队伍建设，配强人员力量，配齐督查装备，实现作业现场安全监督分级全覆盖。规范专业部门、工区班组安全员设置，保障岗位待遇。

十三、加强安全生产重奖激励

32. 对制止严重违章、发现重大风险隐患、及时有效处置突发事件的人员及时表扬、予以重奖。设置安全管理举报信箱，收集安全管理、风险隐患、事故事件等举报信息，经核实查证属实，及时督促处理并对举报人给予奖励。

33. 发挥无违章班组和个人创建活动激励作用，以落实全员安全责任制、规范员工作业行为为核心，选树一批安全生产无违章班组、党员身边无违章先进典型，营造全员自觉遵章守纪氛围。

十四、严肃查处瞒报谎报迟报漏报事故行为

34. 严格事故事件即时报告，对隐瞒不报、谎报或者拖延不报的，依规追究直接责任人和上级管理部门责任，并向上级党委严肃检讨，涉嫌瞒报的一律按规定提级追责处理。发生迟报、漏报、谎报、瞒报，严格业绩考核。

十五、统筹做好电力保供、疫情防控和安全生产工作

35. 严格落实疫情防控责任，动态调整电力调度、设备运维、营销服务、信息通信等值班安排，严格作业现场、基建施工等生产一线疫情防控，维护正常安全生产秩序。

36. 全力确保党政机关、医疗单位等重要用户供电保障，保障方舱医院、临时医疗场所电源接入和可靠供电。发挥集团合力，做好疫情严重地区跨省区支援工作。

37. 科学组织电网运行、检修预试、基建工程、水电施工等各类安全生产业务，严格作业计划安排，规范开展风险评估，落实针对性措施，严禁盲目赶工期、拼进度。

38. 全力做好电力保供工作，抓实抓细保供机制建设，加强电力电量平衡、一次能源供应、电力交易组织、电网迎峰度夏（冬）和应急演习等工作，确保电力可靠供应。

附录

国务院安委会制定部署
安全生产十五条措施

近期一些地区和行业领域接连发生重特大事故，暴露出安全发展理念不牢固、责任落实不到位、隐患排查整治不力等突出问题。为认真贯彻落实习近平总书记关于安全生产重要指示精神和党中央、国务院决策部署，近日，国务院安委会梳理相关法律法规已有规定、以往管用举措和近年来针对新情况采取的有效措施，制定了进一步强化安全生产责任落实、坚决防范遏制重特大事故的十五条措施，部署发动各方面力量全力抓好安全防范工作，为党的二十大胜利召开创造良好安全环境。相关措施摘要如下：

一、严格落实地方党委安全生产责任

地方各级党委要牢固树立安全发展理念，始终把人民群众生命安全放在第一位。要定期组织党委理论学习中心组跟进学习贯彻习近平总书记关于安全生产重要论述。严格落实《地方党政领导干部安全生产责任制规定》，严格落实“党政同责、一岗双责、齐抓共管、失职追责”，综合运用巡查督查、考核考察、激励惩戒等措施加强对安全生产工作的组织领导。加大安全生产等约束性指标在经济社会发展考核评价体系中的权重，将履行安全生产责任情况作为对党委政府领导班子和有关领导干部考核、有关人选考察的重要内容。党委主要负责人要亲力亲为、靠前协调，定期主持党委常委会会议研究安全监管部门领导班子、干部队伍、执法力量建设等重大问题。党委常委会其他成员要按照职责分工，协调纪检监察机关和组织、宣传、政法、机构编制等单位支持保障安全生产工作。

二、严格落实地方政府安全生产责任

地方各级政府要组织制定政府领导干部安全生产“职责清单”和“年度任务清单”。政府主要负责人要根据党委会议的要求，及时研究解决突出问题。其他领导干部要分兵把口、严格履责，切实抓好分管行业领域安全生产工作，并把安全生产工作贯穿业务工作全过程。各级安委会要创造条件实体化运行，组织定期研判重大安全风险，滚动排查重大安全隐患，主动协调加强民航、铁路、电力、商渔船碰撞等跨区域跨部门安全工作。

三、严格落实部门安全监管责任

各有关部门要按照“管行业必须管安全、管业务必须管安全、管生产经营必须管安全”和“谁主管谁负责”的原则，依法依规抓紧编制安全生产权力和责任清单。对职能交叉和新业态新风险，按照“谁主管谁牵头、谁为主谁牵头、谁靠近谁牵头”的原则及时明确监管责任，各有关部门要主动担当，不得推诿扯皮。对直接关系安全的取消下放事项，要实事求是开展评估，基层接不住、监管跟不上的要及时予以纠正，必要时要收回，酿成事故的要严肃追责。应急管理部门要理直气壮履行安委会办公室职责，发挥统筹、协调、指导作用，加强考核巡查、警示提醒、挂牌督办、提级调查，督促各部门落实安全监管责任。

四、严肃追究领导责任和监管责任

对不认真履行职责，发生较大及以上生产安全事故的，不仅要追究直接责任，而且要追究地方党委和政府领导责任、有关部门的监管责任，特别是重特大事故要追究主要领导、分管领导的责任。对非法煤矿、违法盗采等严重违法违规行为没有采取有效制止措施甚至放任不管的，要依规依纪依法追究县、乡党委和政府主要负责人的责任，构成犯罪的移交司法机关追究刑事责任。

五、企业主要负责人必须严格履行第一责任人责任

企业法定代表人、实际控制人、实际负责人，要严格履行安全生产第一责任人责任，对本单位安全生产负总责。对故意增加管理层级，层层推卸责任、设置追责“防火墙”的，发生重特大事故要直接追究集团公司主要负责人、分管负责人的责任。要严格落实重大危险源安全包保责任制、矿长带

班下井等制度规定，对弄虚作假、搞“挂名矿长”逃避安全责任的，依法追究企业实际控制人的责任。对发生重特大事故负有主要责任的，在追究刑事责任的同时，明确终身不得担任本行业单位主要负责人。

六、深入扎实开展全国安全生产大检查

国务院安委会立即组织开展全国安全生产大检查。各地区各有关部门要全面深入排查重大风险隐患，列出清单、明确要求、压实责任、限期整改。盯紧守牢可能造成群死群伤的重大风险隐患，由省、市级安委会或中央企业总部挂牌督办。统筹疫情防控和公共安全，对人员密集场所和高层建筑封闭安全出口、疏散通道的，立即责令整改。对排查整治不认真，未列入清单、经查实属于重大隐患的，要当作事故对待，引发事故的要从严从重追究责任。

七、牢牢守住项目审批安全红线

各级发展改革部门要建立完善安全风险评估与论证机制，严把项目审批安全关。传统产业转移要符合国家产业发展规划和地方规划，严格执行国家各行业的规范标准，严格安全监管，坚决淘汰落后产能。化工产业转移集中承接地省级政府要列出重点项目清单，组织市县集中检查，不达安全标准的不能上马和开工，已经运行的坚决整改。对地方政府违规审批、强行上马的不达标项目，造成事故的要终身追责。

八、严厉查处违法分包转包和挂靠资质行为

严肃查处建筑施工、矿山、化工等高危行业领域违法分包转包行为，严肃追究发包方、承包方相应法律责任。严格资质管理，坚持“谁的资质谁负责、挂谁的牌子谁负责”，对发生生产安全事故的严格追究资质方的责任。国有企业特别是中央企业要发挥表率作用，企业集团总部要建强安全生产专业技术管理团队，加强对下属企业安全生产的指导、监督、考核和奖惩，不具备条件的不得盲目承接相关业务，并加强对分包单位等关联单位安全生产的指导、监督，实行安全生产的统一管理；对违法分包转包的行为，通报其上级主管部门及纪检监察部门，并依规依纪依法追究相关人员责任。

九、切实加强劳务派遣和灵活用工人员安全管理

生产经营单位要将接受其作业指令的劳务派遣人员、灵活用工人员纳入本单位从业人员安全生产的统一管理，履行安全生产保障责任。危险岗位要严格控制劳务派遣用工数量，未经安全知识培训合格的不能上岗。对劳务派遣用工和灵活用工人员数量较多的行业领域，有关行业主管部门要重点加强安全监管，对企业全员安全生产责任制落实不到位的责令限期整改。中央企业、地方国有企业要带头减少危险作业领域灵活用工人员，但不能以安全生产为名辞退农民工，要提高工人安全素质，提升企业本质安全水平。

十、重拳出击开展“打非治违”

针对当前一些地方和行业领域违法违规生产经营建设问题突出，立即组织开展“打非治违”专项行动。对矿山违法盗采、油气管道乱挖乱钻、危化品非法生产运输经营、建筑无资质施工和层层转包、客车客船渔船非法营运等典型非法违法行为，依法精准采取停产整顿、关闭取缔、上限处罚、追究法律责任等执法措施。狠抓一批违法违规行为和事故的处理。深挖严打违法行为背后的“保护伞”。

十一、坚决整治执法检查宽松软问题

安全生产执法检查要理直气壮，紧盯各类违法行为不放，督促企业彻底整改。强化精准执法，按照省市县三级执法管理权限，确定各级管辖企业名单，明确重点检查企业和重点执法事项，突出对典型事故暴露出的严重违法行为，举一反三加强执法检查。强化专业执法，组织专家参与执法过程，解决安全检查查不出问题的难题。创新监管执法方式，大力推行异地交叉检查，充分利用在线远程巡查、用水用电监测、电子封条等信息化手段，及时发现违法盗采、冒险作业等行为，对关停的矿山要停止供电，派人现场盯守或巡查，严防明停暗采。

十二、着力加强安全监管执法队伍建设

针对安全生产执法队伍“人少质弱”的实际，各地要按照不

同安全风险等级企业数量，配齐建强市县两级监管执法队伍，确保有足够力量承担安全生产监管执法任务，不得层层转移下放执法责任。加强执法队伍专业化建设，配强领导班子、充实专业干部、培养执法骨干力量，加强专业执法装备配备，健全经费保障机制，尽快提高执法专业能力和保障水平。

十三、重奖激励安全生产隐患举报

鼓励社会公众通过政务热线、举报电话和网站、来信来访等多种方式，对安全生产重大风险、事故隐患和违法行为进行举报。用好安全生产“吹哨人”制度，鼓励企业内部员工举报安全生产违法行为。负有安全生产监督管理职责的部门要及时处理举报，依法保护举报人，不得私自泄露有关个人信息；根据风险程度落实举报奖励，对报告重大安全风险、重大事故隐患或者举报安全生产违法行为的有功人员实行重奖。

十四、严肃查处瞒报谎报迟报漏报事故行为

严格落实事故直报制度，生产安全事故隐瞒不报、谎报或者拖延不报的，对直接责任人和负有管理和领导责任的人员依规依纪依法从严追究责任。对初步认定的瞒报事故，一律由上级安委会挂牌督办，必要时提级调查。

十五、统筹做好经济发展、疫情防控和安全生产工作

注意调动各方面积极性，提倡互相协助、相互尊重、齐心

合力，共同解决好面对的复杂问题。各级监管部门要注意从实际出发，处理好“红灯”“绿灯”“黄灯”之间的关系，使各项工作协调有序推进，引导形成良好市场预期。各级党委政府要把握好政策基调，坚持稳中求进，善于“弹钢琴”，高质量统筹做好各方面工作。